Um conto de Ana Primavesi

Tatá, Pepe e Gigi

As três gotinhas de chuva

Ilustrado por

Yuri Amaral e Nicolas Maia

1ª edição
Expressão Popular
São Paulo – 2024

Revisão: Lia Urbini e Miguel Yoshida
Ilustrações: Yuri Amaral e Nicolas Maia
Projeto gráfico: Maria Rosa Juliani
Capa e diagramação: Yuri Amaral
Impressão: Printi

Dados Internacionais de Catalogação na Publicação (CIP)

P952t Primavesi, Ana
Tatá, Pepe e Gigi – As três gotinhas de chuva / Ana Primavesi ; ilustrado por Yuri Amaral, Nicolas Maia. – São Paulo : Expressão Popular, 2024.
36 p.

ISBN: 978-65-5891-131-9

1. Literatura infantil. I. Amaral, Yuri. II. Maia, Nicolas. III. Título.

CDD: 028.5
CDU: 82.9

André Felipe de Moraes Queiroz – Bibliotecário – CRB-4/2242

1ª edição: agosto de 2024

Edição revista e atualizada conforme
a nova regra ortográfica.

EDITORA EXPRESSÃO POPULAR
Alameda Nothmann, 806 – Campos Elíseos
CEP 01216-001 – São Paulo – SP
livraria@expressaopopular.com.br
www.expressaopopular.com.br
ed.expressaopopular
editoraexpressaopopular

Nosso planeta, que é a casa de todos nós, sempre passou por muitas mudanças desde que ele surgiu. Há muitos milhões de anos, todos os continentes eram um só, a chamada Pangea, época em que viviam os dinossauros. Com o passar do tempo esse continente foi se separando, o clima foi mudando, apareceram muitas novas plantas e animais ao mesmo tempo que desapareciam outros tantos.

Essas mudanças não param nunca: pergunte aos seus familiares ou amigos/as mais velhos/as como eram as estações do ano quando eram crianças? Vocês vão ver que eram diferentes do que são hoje.

No mundo em que vivemos hoje, existem pessoas, poucas mas poderosas, que para ganhar mais dinheiro desmatam as florestas, envenenam as plantações e rios com os agrotóxicos, fazem sementes em laboratório que são resistentes aos seus venenos. Elas não se preocupam com a vida na terra, se importam só em ganhar mais e mais dinheiro.

No conto que vocês vão ler, conhecemos a história das fantásticas personagens Tata, Pepe e Gigi que também sofrem com o jeito de plantar e colher comandado por essas pessoas que só se importam em ganhar dinheiro e que têm feito mal para a terra. Mas o que podemos fazer contra isso? Precisamos pensar, nos organizar e agir.

Os editores

Tatá, Pepe e Gigi eram três gotinhas de chuva que tinham saído do mar e agora viajavam numa nuvem branca, vaporosa. Cantavam de alegria. Era um dia quente e as árvores da mata que elas cruzavam transpiravam para valer. Coitadas das árvores, como sofrem no calor. O ar por cima delas tremia, tão úmido estava. E, de repente, a nuvem não pôde mais se sustentar. As gotinhas pararam de cantar e ficaram apreensivas.

Aí, a nuvem gemeu:

Não aguento mais, estou caindo...

As gotinhas se encolheram, se encolheram tanto que se tornaram gotas de água grandes e pesadas, e agora a queda era geral. Chovia.

Caíram nas árvores que, com suas copas verdes e folhudas, formavam um tipo de rede de proteção, como num circo, para os trapezistas não se machucarem caso caíssem. As gotinhas caíram bem macio, deslizaram rapidamente sobre dezenas de escorregadores que as folhas formavam até caírem novamente. Foi um susto tremendo. Mas, lá embaixo, as plantas esperavam com seus braços e folhas estendidas para recebê--las, deixando-as cair suavemente sobre um tapete grosso de folhas caídas que forravam o chão, a serapilheira. E agora?

Olhem, Pepe e Gigi!
Aqui, embaixo, a terra está cheia de milhares de portinhas abertas. Vamos entrar para ver aonde chegamos.

E as três irmãzinhas se pegaram pelas mãos e entraram numa das portinhas que davam acesso a um túnel. Todas as gotinhas que caíram empurravam-se nas entradas dos túneis. Tinham muita pressa para entrar.

–Vamos ficar nos túneis maiores, é mais seguro – aconselhou Tatá. Mas Gigi, que era a mais travessa, resolveu largar a mão da irmã e se enfiou num túnel menor. Encontrou uma raiz, que estava vasculhando o solo à procura de alimentos, e perguntou:

– E os menores? – perguntou Gigi apreensiva – Aonde vão esses, como o daqui?

– Os menores como este não deixam as gotinhas sair. Seguram-nas até que aparece uma raiz que as absorva.

Gigi se assustou e quis se enfiar num buraquinho minúsculo para escapar da raiz. Mas a raiz riu.

– Destes aqui não tem mais saída. Aqui, você fica até que um dia a terra resseque tanto que você se evapore e possa fugir. Mas isso demora e, na mata, é muito difícil acontecer.

– Em que fria entrei! – Gigi tremeu.

– Não é tão ruim assim. Vou abrir uma portinha bem na minha ponta e você entra. Só não se assuste com a turbulência. Lá dentro existe um vácuo que vai lhe puxar violentamente para cima, a corrente transpiratória – a raiz consolou.

Como estava escuro lá dentro. Mas o pior foi que alguém tinha pulado nas costas de Gigi e se agarrava com toda força.

– Tira isso daqui – suplicou Gigi. Mas a raiz deu uma gargalhada.

Ora, deixei você entrar
somente para carregar
esses minerais, que são
meus nutrientes, até as
minhas folhas. Água é
para isso mesmo.

– E depois? - perguntou Gigi.

– Depois a folha abre uma janelinha, o estômato, e você poderá sair e ir aonde quiser.

– Cair novamente na terra?

– Não, bobinha, você sai como vapor e sobe para as nuvens. Gostou?

– Gostei! – Gigi carregou o mineral, obedientemente, para onde a raiz a tinha mandado.

Era o mineral cálcio, que depende dessa corrente transpiratória para ser absorvido pelas plantas, mas precisa estar na ponta das raízes.

Pepe e Tatá corriam cada vez mais lentamente pelos sinuosos túneis.

– Será que não tem fim? – perguntaram.

Mas, de repente, escutaram risadas e, sem tempo para pensar, caíram num tipo de lago subterrâneo, o nível freático. Todas, desprevenidas, foram pegas por uma correnteza e, sem saber como, chegaram a uma portinha onde todos se acotovelavam para sair.

– Que é isso, aonde vai? – perguntou Pepe.

– Para uma vertente ou nascente.

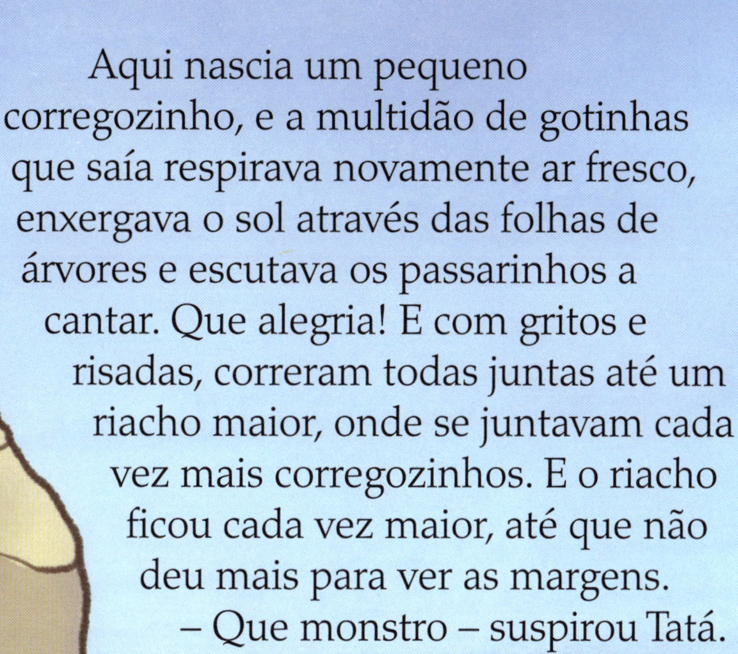

Aqui nascia um pequeno corregozinho, e a multidão de gotinhas que saía respirava novamente ar fresco, enxergava o sol através das folhas de árvores e escutava os passarinhos a cantar. Que alegria! E com gritos e risadas, correram todas juntas até um riacho maior, onde se juntavam cada vez mais corregozinhos. E o riacho ficou cada vez maior, até que não deu mais para ver as margens.

– Que monstro – suspirou Tatá.

– Monstro, não – protestaram as bilhões e quadrilhões de gotas de chuva que corriam ou fluíam aqui, ou melhor, eram arrastadas pela multidão de gotas puxadas pela força da gravidade da Terra.

– Isso é um rio. Nós somos um rio! E o rio ficou cada vez maior e embarcações navegavam em suas águas, e portos guarneciam suas margens e, finalmente, com um grito de alegria o rio se lançou...

... ao mar.

– O mar! Estamos em casa – jubilaram Pepe e Tatá. Mas uma nuvenzinha navegava lá em cima e alguém acenava e gritava:

–Venham para cá, aqui é mais gostoso! Era Gigi que já tinha chegado antes.

E então Pepe e Tatá se deitaram bem na superfície do mar para pegar muito sol, até ficarem quentes, leves e vaporosas e poderem voar à nuvem, onde Gigi as recebeu acenando freneticamente.

Mas tinham se passado anos até iniciarem esta segunda viagem. E quando chegaram onde antes havia uma mata, não encontraram mais árvores, somente pastos e campos arados e plantações, estradas e povoados.

– Ué, por isso não esperava – disse Gigi muito desapontada.

E a nuvem ficou cada vez maior e mais pesada, mas o ar não brincava mais com ela, ele a empurrou violentamente para cima. E em lugar de descer, voava cada vez mais alto. Os seres humanos olhavam para a nuvem:

– Será que vai chover?

Mas nada! O ar quente, que fugiu desesperadamente da terra aquecida, não deixava a nuvem descer.

– Pare, pare! – gritou Pepe, mas o ar, quente e furioso, não se importava.

– O que posso fazer? – disse ele. – Estou fugindo da terra que está tão quente que dá para fritar um ovo, e se vocês cruzarem o meu caminho, terei que empurrá-las para fora.

– Não tem mais jeito – gemiam as pessoas e não compreendiam que eram eles os responsáveis. Mas, finalmente, a nuvem ficou tão pesada que caiu

assim mesmo, apesar de toda violência do ar que subia. Foi um toró, um temporal horrível. Gigi, Tatá e Pepe se seguravam pelas mãos e rezavam:

– Oh, bom Deus, protegei-nos.

Não existia mais a rede verde de folhas para amenizar a queda. Nem a camada de folhas secas sobre a terra. Caíram com toda força sobre a terra nua. Era pavoroso. As gotinhas se espatifaram em dezenas de gotículas minúsculas quando golpearam a terra, que gritou de dor. Elas destruíram... suas portinhas, lançando para longe os pedaços da terra, separando areia e argila, obstruindo os túneis.

As gotinhas de chuva tentaram refazer-se. Machucadas e misturadas à areia e à argila procuraram em vão por alguma entrada na terra. Elas não existiam mais. Era tudo um caos.

–Vamos embora, rápido, rápido – gritavam as gotinhas.

– Não tem mais jeito.

– Não tem mais caminho.

Na fuga cega, arrastaram terra, sementes, plantas, cavaram sulcos e valetas, fugiam, fugiam... Era a erosão. A água escura e lamacenta chegou numa vala.

– Que é isso? – perguntou Gigi.

– Era um rio – disse uma gotinha que corria ao lado.

– Mas onde está a água

cristalina, abundante, os córregos, os riachos?

– Onde estão as embarcações e os navios? – quis saber Pepe.

– Isso já era – disse uma raposa que recolheu rapidamente seus filhotes.

De todos os lados se precipitavam as gotinhas de chuva nessa vala, machucadas, enlameadas, apavoradas.

– Corram, corram – gritavam.

–Vamos para o mar, aqui não tem mais jeito.

Vieram tantas gotinhas que não tinha mais lugar no leito do antigo rio.

– Enchente, enchente – gritavam as pessoas quando as gotinhas transbordaram, inundando os campos e correndo ao lado pela margem do rio. Veio a defesa civil, os bombeiros e as forças armadas para o salvamento.

– Que castigo de Deus, que flagelo!

As gotinhas de chuva se entreolhavam.

– Como esses seres humanos são burros. Destroem tudo, de modo que não podemos mais entrar na terra, e agora, culpam a Deus porque vamos embora. Foram eles que nos deixaram nesta miséria! E mesmo assim eles reclamam! Foram eles que nos expulsaram de seus lotes urbanos e rurais.

Todas começaram a gritar:

– Burros! burros!

Gigi olhou para trás e sentiu pena das plantas que, apesar da chuva, iriam ficar sem água, porque somente a água que entra na terra rega as raízes. E quem iria transportar os nutrientes delas?

– O que as plantas vão fazer? – perguntou.

– Morrer de sede, numa seca danada – disse Tatá triste.

– Mas vamos correr para que termine nosso suplício.

E o mar as recebeu com tremenda pena.

– Coitadas, que viagem desastrada!
E Tatá, Pepe e Gigi se lançaram nos braços da mãe-oceano, chorando desesperadamente.

A segunda viagem das gotinhas foi bem desastrosa devido aos problemas encontrados no caminho.

Como nós, seres humanos, podemos reverter estes problemas?

Converse com seus colegas de sala, professores, sua família e amigos para encontrar soluções para os problemas apontados, depois disso escreva ou desenhe outro final para esta história.

Este conto faz parte do livro "**A Convenção dos Ventos – Agroecologia em contos**", que traz fábulas sobre o ar, a água, a vida no solo, ressaltando, de forma lúdica, a interação entre os organismos e o ambiente. A obra nos convida a refletir sobre as ações humanas e as consequências dos desequilíbrios causados por elas.

Sobre a autora e sua obra

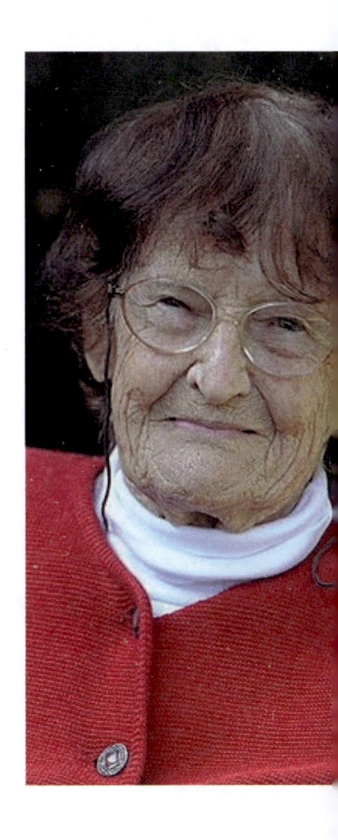

Ana Primavesi

Nasceu na Áustria, onde cursou a faculdade de agronomia, veio ao Brasil nos anos 1950, depois da Guerra na Europa. Foi professora e pesquisadora na Universidade Federal de Santa Maria, RS, fundou e chefiou os laboratórios de química e de biologia do solo.

Ela foi a primeira pessoa a falar em Solo Vivo e é considerada a mãe da agroecologia no Brasil.

Sobre os ilustradores

Yuri Amaral
Natural de Foz do Iguaçu, PR, graduade em Publicidade pela UDC e mestre em Estudos Interdisciplinares Latino Americanos pela Unila, Yuri trabalhou vários anos como diretor de arte, alguns outros na docência, mas, sua grande paixão sempre foram as artes. Autore da série de HQ independente "O menino que não sabia voar", gosta de usar aquarela – tradicional e digital – para criar suas artes e ideias.

Nicolas Maia
É um ilustrador, animador e cartunista mineiro. Tem mais de 8 anos de experiência em ilustração, animação, edição de fotos e *branding*. Seu foco atual é buscar novas oportunidades e desafios que lhe permitam continuar sua jornada criativa e contribuir para projetos que envolvam arte, animação e narrativa visual.